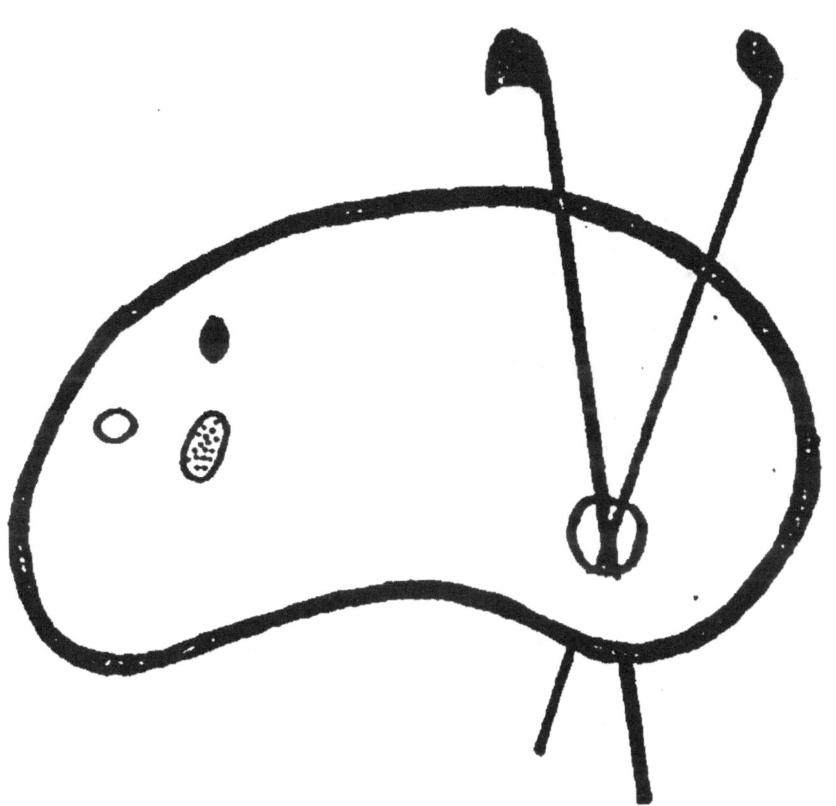

DEBUT D'UNE SERIE DE DOCUMENTS
EN COULEUR

UNE
BIOGRAPHIE INÉDITE

DE

BARDESANE L'ASTROLOGUE

Par F. NAU

MEMBRE DE LA SOCIÉTÉ ASIATIQUE

PROFESSEUR A L'INSTITUT CATHOLIQUE DE PARIS

PARIS

Librairie THORIN & FILS

A. FONTEMOING, Éditeur

LIBRAIRE DES ÉCOLES FRANÇAISES D'ATHÈNES ET DE ROME,
DU COLLÉGE DE FRANCE, DE L'ÉCOLE NORMALE SUPÉRIEURE,
DE LA SOCIÉTÉ DES ÉTUDES HISTORIQUES,

4, RUE LE GOFF, 4

1897

TYPOGRAPHIE FIRMIN-DIDOT ET Cie. — MESNIL (EURE).

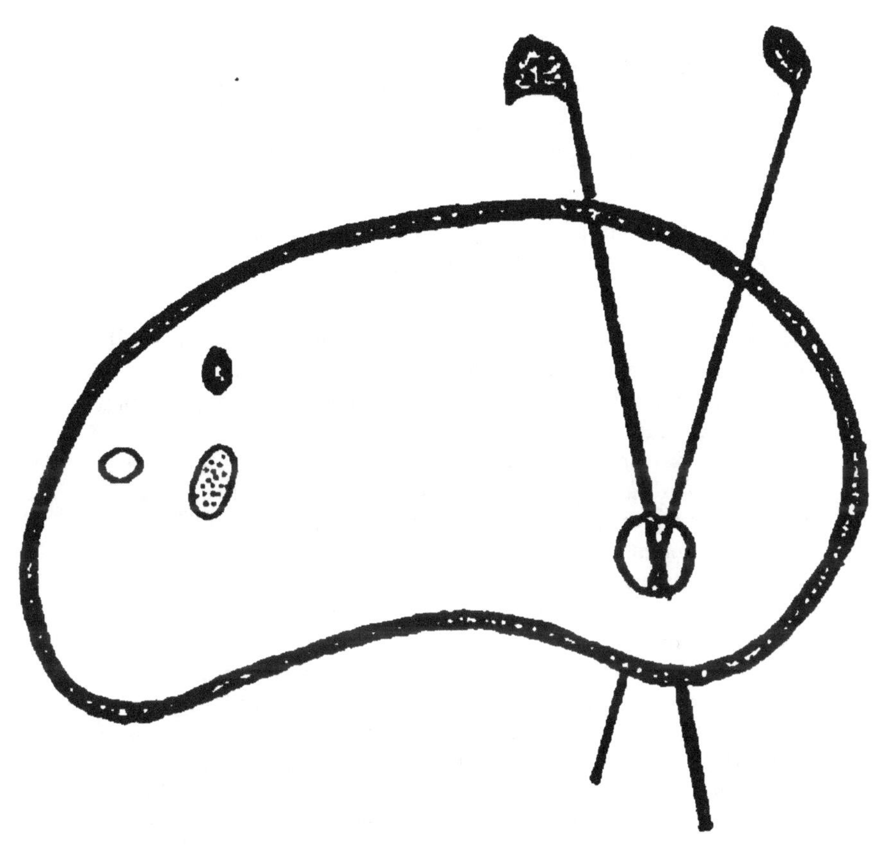

FIN D'UNE SERIE DE DOCUMENTS
EN COULEUR

UNE BIOGRAPHIE INÉDITE

DE BARDESANE L'ASTROLOGUE (154-222) (1)

TIRÉE DE L'HISTOIRE DE MICHEL LE GRAND, PATRIARCHE D'ANTIOCHE
(1126-1199).

Michel le Grand nous est connu surtout par Bar Hebreus, qui nous le montre ami du travail, très versé dans la connaissance de l'Écriture Sainte », assidu à écrire jour et nuit des ouvrages admirables qu'il laissa à l'Église de Dieu (2). »

Parmi ces ouvrages se trouve une histoire qui s'étend du commencement du monde à l'époque de l'auteur. Bar Hebreus, qui s'en servit et la continua, nous apprend que Michel la composa à l'aide d'Eusèbe de Césarée, de Socrate le Scolastique, de Zacharie le Rhéteur, de Jean d'Asie et de Denys de Tellmahar (3). Il se serait aussi servi de Maribas le Chaldéen, de Théodoret, d'Andronicus, de Jacques d'Édesse et de Denys Bar Salibi (4).

En d'autres termes, Michel se donna la peine de remonter aux sources et adopta pour raconter les événements, le récit de l'auteur connu qui en était le plus proche. Son ouvrage était regardé comme perdu (5), il en existe une traduction carchouni (arabe écrit en caractères syriaques) au British Museum. J'y ai trouvé une biographie de Bardesane (6) que je n'ai pas hésité à transcrire, bien qu'elle me pa-

(1) Mgr Lamy, dans sa remarquable édition de la *Chron. eccl.* de Bar Hebreus (I, col. 47), croit trouver en Élie de Nisibe une date différente de celle de la chronique d'Édesse. Élie donne le 11 Tomouz 415 (134) et la chronique donne le 11 Tomouz 465 (154). C'est la même date, mais le 6 de la chronique représenté par un ∞ mal fermé aura été lu 4, c'est-à-dire ∞, par Élie.

(2) *Chron. eccl.*, Louvain, 1872, I, col. 606. Voir sur Michel. I, col. 526-606.

(3) *Chron. Syr.*, éd. Bedjan, p. 2.

(4) Brit. Mus. Or. ms., n° 4402. *Chronicle of Michael the Great*, fol. 1. J'ai publié quelques notes sur ce ms. de Londres dans le *Journal de la Soc. As.*, 9e série, t. VIII, p. 523.

(5) Il n'en restait qu'un abrégé arménien renfermant du cinquième au septième de l'ouvrage total et ne donnant aucun détail sur Bardesane. M. Dulaurier en publia quelques fragments dans le *Journ. As.*, t. XII, 281-334, et t. XIII, 315-376. M. Langlois le publia en entier, Venise 1869. — Mgr Rahmani, évêque d'Alep, vint en 1889 montrer en Europe le texte syriaque de Michel. (V. Guidi, *Journ. As.* italien, 1889, p. 167-169) et le remporta dans son pays. Enfin une traduction arabe de Michel est au Vatican.

raisse tenir plutôt de la légende que de l'histoire, 1° parce qu'elle renferme des détails inédits donnés par un auteur sérieux; 2° parce qu'on y trouve la source où Bar Hebreus a puisé divers renseignements qui figurent maintenant dans tous les articles récents; 3° parce qu'elle est la plus ancienne biographie proprement dite de Bardesane. On ne trouve sur cet auteur, avant Michel le Grand, que des phrases isolées, collectionnées dans les articles biographiques de Hahn, Hilgenfeld, Langlois, Horst, Harnack.

Enfin j'ai pris comme titre Bardesane *l'astrologue*, et non Bardesane *le gnostique*, comme l'ont fait *tous les auteurs précédents* (1); aussi, je montrerai dans une seconde partie que mon épithète lui appartient sans conteste d'après le témoignage de tous les anciens auteurs, tandis qu'*il me semble impossible de justifier l'épithète de gnostique*, surtout en ne tenant compte que des textes connus des auteurs antérieurs (2); quelques-uns de ces textes, en effet, sont de nulle valeur doctrinale et le plus grand nombre est susceptible d'un sens astronomique ou astrologique qui n'a pas été aperçu, ou qui a été arbitrairement interprété dans un sens gnostique, par exemple : des sept planètes on a généralement fait sept éons, etc.

L'ouvrage bien pensé et orthodoxe intitulé : *Les lois des pays*, me permettrait de prouver facilement ma seconde partie, mais quelques auteurs doutent qu'il reproduise fidèlement les idées de Bardesane, *je ne m'en servirai donc pas, mais veux du moins*, à cause de son importance, *en donner une idée à la fin de cette introduction :*

Cet ouvrage de Bardesane, retrouvé en 1845 (3), a pour objet *la cause du mal et la responsabilité humaine*. On y a vu à tort jusqu'ici un dialogue sur le destin, car Eusèbe ne lui donne pas ce titre et le destin n'occupe que la moitié de l'ouvrage et le tiers de la discussion.

Bardesane montre en effet à son interlocuteur Avida : 1° que Dieu

(1) Hahn, *Bardesanes gnosticus* (Lipsiæ, 1819). Kuchner, *Bardesanis gnostici numina astralia* (Hildeburghusæ, 1833). Hilgenfeld, *Bardesanes der letzte gnostiker* (Leipsig, 1864). M. Merx prend simplement pour titre : *Bardesanes von Edessa* (Halle, 1863) et dit que Bardesane n'enseigne pas les deux théories fondamentales du gnosticisme : le dualisme et l'émanation, mais il éprouve le besoin d'ajouter aussi qu'il est néanmoins gnostique : « Nichts desto weniger aber bleibt er in der Häresie befangen (p. 2).... Er ist der letzte in der Reihe der gnostichen Lehrer in der alten Kirche (p. 1). Cependant le travail de M. Merx, bien que moins documenté que celui de M. Hilgenfeld, conservera une réelle valeur, car il repose tout entier sur l'ouvrage des *Lois des pays* dont il nous donne une traduction soignée; cet ouvrage didactique, écrit en prose, a fait éviter à M. Merx les divagations gnostiques que les vers de saint Ephrem ont suggérées aux autres historiens de Bardesane.

(2) J'ai déjà dit que le texte de Michel me semble reproduire plutôt la légende que l'histoire de Bardesane, je ne l'étudie donc pas dans ma seconde partie.

(3) Publié par Cureton avec trad. anglaise, *Spicil. Syr.*, Londres, 1855. Mes renvois visent le texte syriaque.

n'est pas la cause du mal. Il ne pouvait en effet créer les hommes sans liberté, comme le voulait Avida (p. 1), sans en faire de simples machines; enfin il a créé les hommes de manière à ce qu'ils puissent éviter le mal (p. 4, au bas) et faire le bien (p. 6); — 2° que notre nature n'est pas la cause du mal et qu'elle ne nous nécessite pas à pécher (p. 7). Car ce qui vient de la nature se trouve de la même manière chez tous les êtres doués d'une même nature, tandis que les hommes agissent de manières bien diverses; et cette diversité est due soit à la liberté, soit aux influences extérieures auxquelles est soumis le corps humain; — enfin 3° que la cause du mal n'est pas dans l'horoscope et le destin (p. 12, au bas). Voici en effet la demande d'Avida : « Tu m'as convaincu que tous les hommes n'agissent pas de la même manière; *si tu peux encore me montrer que ce n'est pas l'horoscope ou le destin qui cause les péchés, il faudra croire alors que l'homme est libre, que sa nature le porte au bien et l'éloigne du mal, et que par suite c'est avec justice qu'il sera jugé au dernier jour.* » Bardesane donne alors sa troisième et dernière partie (p. 12-21), dans laquelle il montre que l'horoscope ou le destin n'a aucune influence sur la liberté humaine, puisque des hommes nés sous le même horoscope dans différents pays ou dans le même climat n'en ont pas moins des mœurs absolument différentes quelquefois même abominables, parce leurs lois les leur permettent ou les leur imposent (1).

Cette dernière partie, la plus imagée, a décidé quelque scribe syriaque à donner comme titre à tout ce dialogue : *Livre des lois des pays*; cette même partie a décidé tous les auteurs modernes, hypnotisés par un texte d'Eusèbe qui attribue à Bardesane un dialogue très remarquable dédié à Antonin sur le destin, à voir ici ce dialogue sur le destin. Il n'en est rien.

Eusèbe 267-338, distingue très bien dans son *Histoire ecclésiastique* le dialogue sur le destin écrit pour Antonin des dialogues écrits à d'autres occasions (2); et plus tard, dans la *Préparation évangélique*, quand il donne des extraits des « Lois des pays », il déclare que ce sont les pa-

---

(1) Je fais remarquer, ce qu'on n'a pas encore fait, que le texte du manuscrit de Londres écrit au septième siècle *a été transcrit sur un texte syriaque* et présuppose donc au moins un texte *syriaque* antérieur; car p. 16, l. 4, on lit ܐܘ ܠܐ ܓܝܪ ܡܚܘܝܢ ܠܗܘܢ· ܢܡܘܣܐ ܕܡܕܢܚܐ·. Le scribe, croyant voir un titre dans les deux derniers mots, les a écrits en rouge. On a donc le titre : *Lois des Orientaux;* or les lois qui suivent sont précisément celles des Occidentaux; aussi personne jusqu'aujourd'hui n'a compris ce texte, grâce à la légère faute de l'ignorant transcripteur. Il faut traduire : les lois des Orientaux ne leur accordent même pas de tombeaux.

(2) *Hist. Eccl.* : IV, 30, ὁ πρὸς Ἀντωνῖνον ἱκανώτατος αὐτοῦ περὶ εἱμαρμένης διάλογος... πρὸς τοὺς κατὰ Μαρκίωνα καί τινας ἑτέρους διαφόρων προϊσταμένους δογμάτων διαλόγους συστησάμενος, τῇ οἰκείᾳ παρέδωκε γλώττῃ τε καὶ γραφῇ.

roles que l'on attribue à Bardesane dans ses dialogues avec ses disciples (1). Ainsi pour Eusèbe, le dialogue des Lois des pays 1° reflète les idées de Bardesane, car il s'appuie sur son autorité *personnelle*; 2° n'a pas été écrit par lui, et 3° n'est pas le dialogue sur le destin dédié à Antonin, car il prend ses extraits ἐν τοῖς πρὸς τοὺς ἑταίρους διαλόγοις et non pas ἐν τῷ πρὸς Ἀντωνῖνον αὐτοῦ περὶ εἱμαρμένης διαλόγῳ, comme on a voulu le lui faire dire (2).

Il resterait à traiter deux questions que je me borne à indiquer pour ne pas trop allonger cette introduction : I. *Le texte syriaque est l'original, et Eusèbe n'en a connu qu'une traduction assez infidèle*, car 1° c'est l'opinion d'Eusèbe et de Théodoret; ils disent que Bardesane *parla et écrivit* en syriaque et que tout cela fut paraphrasé en grec (μετέφρασαν). 2° La thèse de Bardesane est plus étendue que celle d'Eusèbe et forme un tout plus complet. On explique facilement les omissions que fait Eusèbe (3). 3° Certains noms géographiques peu connus existent dans le syriaque et manquent dans Eusèbe. On comprend qu'Eusèbe ait omis des mots peu connus, tandis qu'on ne s'expliquerait pas leur adjonction dans le texte syriaque (4). 4° Les trois mots grecs φύσις, νόμος et ܐܣܛܘܟܣܐ qui sont dans le syriaque sont aussi dans le Nouveau Testament syriaque. Ils étaient donc d'usage courant en Syrie. 5° Le texte d'Eusèbe a des mots que le traducteur grec a simplement transcrits du syriaque ou a mal lus (5). 6° Parmi les partisans de la priorité du texte grec, M. Ewald ne donne qu'un sentiment sans raison à l'appui, M. Land s'en rapporte à M. Ewald (6) et M. Hilgenfeld d'abord s'en rapporte à MM. Land et Ewald puis donne la raison que je réfute

(1) Παραθήσομαι δέ σοι καὶ τῶνδε τὰς ἀποδείξας ἐξ ἀνδρός, Σύρου μὲν τὸ γένος, ἐπ' ἄκρον δὲ τῆς χαλδαϊκῆς ἐπιστήμης ἐληλυκότος βαρδησάνης ὄνομα τῷ ἀνδρὶ, ὃς ἐν τοῖς πρὸς τοὺς ἑταίρους διαλόγοις τὰ δὲ πῇ μνημονεύεται φάναι. (*Præp. Evang.*, VI, 9, Cureton, préface, p. 2).

(2) Saint Épiphane dit que Bardesane discuta sur le destin contre l'astronome Avida. Il peut s'agir de la troisième partie des Lois des pays, il n'est pas indispensable de supposer qu'il y avait aussi un Avida dans le dialogue sur le destin dédié à Antonin.

(3) Bardesane prouve que les astres n'influent pas sur la liberté humaine, mais il leur attribue une influence sur le corps et les maladies; Eusèbe, dont ce n'est pas la thèse, omet par trois fois ce second point.

(4) Par exemple les Racaméens et les Kouchans. Ces derniers, regardés comme des peuples mythiques par M. Hilgenfeld, existaient en Bactriane au temps de Bardesane, et eurent pour successeurs les Huns Blancs ou Ephtalites qui aussi prirent leur nom. V. Drouin, *Mémoires sur les Huns Ephtalites* dans le *Muséon*, Louvain, 1895.

(5) M. Cureton a déjà signalé 1° ܘܓܕܐ (par habitude). Eusèbe a lu ܪܕܦ (en chasse). 2° ܡܓܘܫܐ. Eusèbe au lieu de traduire Μάγος, *transcrit* Μαγουσαῖοι et les Récognitions : Magusæi. 3° ܡܝܐ ܐܝܟ (comme de l'eau) lit ܡܥܐ (comme une obole). J'ajoute 1° ܛܝܝܐ les Arabes. Eusèbe a lu ܛܒܐ et a transcrit Ταινοί. 5° ܢܡܘܣܐ ܕܣܘܟܬܗܘܢ les lois de leur constitution, Eusèbe a lu ܕܩܕܡܝܗܘܢ les lois d'avant eux.

(6) *Anecd. Syr.*, I, p. 53.

au 4°, enfin trouve que le texte grec serait peut-être plus simple, ce que j'explique au 2°.

II. Mais M. Hilgenfeld fait venir le texte syriaque du grec des *Récognitions* (livre IX), par opposition à M. Merx, qui, l'année précédente (1863), faisait venir les *Récognitions* du texte syriaque. Pour moi, je crois que *le texte syriaque est l'original, qu'Eusèbe en a connu une traduction un peu libre* et que LES RÉCOGNITIONS SUIVENT EUSÈBE, car j'ai constaté : 1° que le texte d'Eusèbe recouvre complètement celui des Récognitions, et 2° que dans une douzaine d'endroits, Eusèbe altère le texte syriaque tandis que les Récognitions reproduisent textuellement Eusèbe ou même quelquefois l'altèrent encore (1).

I

Voici d'abord la biographie donnée par Michel le Grand (2).

« L'année 455 (154 de J.-C.) qui est la quinzième année de Sahrouq, (ܣܗܪܘܩ) fils de Narsé (ܢܪܣܝ), roi de Perse (3), Nouhama s'enfuit avec sa femme, Nahsiram (4). Quand ils arrivèrent à Édesse qui est Ourhoi et au fleuve qui est près de la ville, Nahsiram enfanta, et ils nommèrent l'enfant Bardesane du nom du fleuve Bar Daiçan (*sic*) (5). De là ils

---

(1) Par exemple : 1° Syriaque : « O notre père Bardesane.... Sache, mon fils Philippe — Eusèbe : Cela o Bardesane.... Il répondit : « Philippe... » *Récognitions :* « Mais quelque fort en math. dira..... à cela nous répondrons..... » 2° Syr. : « au printemps », — Eus. : « περὶ τὴν ἐαρινὴν ἰσημερίαν », — *Récogn. :* « Circa vernale æquinoctium ». 3° Syr. : « Tous les Germains meurent par strangulation, excepté ceux qui meurent en guerre. » — Eus. : « Γερμανῶν οἱ πλεῖστοι ἀγχουσμαίῳ μόρῳ ἀποθνήσκουσι. — *Récogn. :* Germanorum plurimi laqueo vitam finiunt ». 4° Syr. : « Le puissant Mars ne les oblige pas...... Eus. : ὁ τοῦ πυριλαμπίος Ἄρεος ἀστήρ. » *Récogn. :* « A stella Martis ignita ». 5° Syr. : Lois des Brahmanes dans l'Inde ». Eus. : « Παρὰ Ἰνδοῖς καὶ Βάκτροις ». *Récogn. :* « Apud Bactros in regionibus Indorum » etc., etc. Voir aussi note 4, 2°. — On ne peut dire, je crois, que les *Récogn.* ont connu le dialogue des lois des pays qu'a vu Eusèbe, car il serait étrange qu'elles n'en donnent aucun texte qui ne soit dans Eusèbe. Je crois donc que la fin des *Récognitions* est de date bien récente, peut-être de 350 ou 375.

(2) Je ne donne pas le texte carchouni, mais j'ai du moins fait contrôler ma traduction par deux savants maronites.

(3) Je n'ai pas trouvé ces noms dans la liste des rois Arsacides. Il est à désirer, pour l'authenticité du récit de Michel, que l'on puisse les découvrir.

(4) Ces deux noms sont en Bar Hebr. : *Chron. eccl.,* p. 48, M. Hoffmann (*Martyrs de Perse,* p. 137) donne une étymologie de Nouhama qui suppose ce nom mal écrit par Bar Hebreus. On voit que Michel l'écrit de la même manière.

(5) Je crains que cette étymologie du nom de Bardesane ne soit due à un jeu de mot de saint Ephrem : « Quis ille primus Bardesani a Desane ascivit nomen, congruit id certe magis Bardesani quam Desani fluvio, non enim hic carduos et lolium advexit. » (439, F.) Mais un jeu de mots, difficile à comprendre du reste, ne peut fonder une étymologie, surtout si l'on remarque que saint Ephrem se permet encore quelques lignes plus loin, le jeu de mots suivant : « Qouq a imposé aux Qouqites l'emblème de son nom, car par son enseignement il en a fait des qouqé (cruches) vides. » (440, D.)

allèrent à Hiérapolis qui est Maboug et ils habitèrent dans la maison de Koudouz (ܩܘܕܘܙ), le fils du pontife.

« Celui-ci adopta Bardesane, l'éleva et lui enseigna les hymnes des païens. Il avait vingt-cinq ans quand le pontife l'envoya à Édesse pour acheter divers objets. Entré à Édesse du côté de l'église que bâtit Adaï (1), Bardesane entendit la parole d'Hystaspe qui exposait au peuple les Livres saints.

« Cet Hystaspe fut évêque d'Édesse après Iani (ܐܝܢܝ). Ses paroles arrivèrent jusqu'à Bardesane qui désira (connaître) les mystères chrétiens, et quand l'évêque connut ce désir, il l'instruisit, le baptisa et le fit diacre.

« Il composa des traités pour réfuter les hérétiques; à la fin il inclina vers l'enseignement de Valentin et il dit qu'il y a trois natures (2) (ܟܝܢܐ) et quatre choses éternelles (3) (ܐܝܬܝܐ), qui sont la raison, la force, l'opinion et le conseil, et quatre éléments, le feu, l'eau, la lumière, le vent (4), dont furent formés les autres choses éternelles et les mondes au nombre de trois cent soixante.

« Il dit encore que celui qui a parlé avec Moyse et les prophètes est l'archange et non pas Dieu; que Notre-Seigneur était revêtu d'un corps qui était une âme lumineuse ayant une apparence de corps (5), que les dominateurs (ܫܠܝܛܐ) créèrent l'homme : les hauts (ܥܠܝܐ) lui ont donné l'âme et les inférieurs lui ont donné le corps; le soleil a donné la tête, Jupiter les os, Mercure les muscles, Mars le sang, Vénus la chair et la Lune... (6).

« Et comme la Lune quitte sa lumière tous les trente jours et entre dans le Soleil, ainsi la Mère de la vie quitte ses vêtements et entre au-

(1) Cette église est mentionnée par Bar Hebreus (*Chron. eccl.*, II, 11) : « Adæus apostolus, in Ecclesia, quam ipse Edessæ ædificaverat, sepultus fuit ».

(2) Ces natures désignent-elles les trois classes d'hommes que distinguait Valentin, ou la trichotomie de l'homme, comme parle M. Merx, en corps, âme et esprit?

(3) C'est la traduction littérale du mot arabe. Il doit s'agir du mot grec αἰών. On pourrait donc ici traduire par éons.

(4) Ces quatre éléments sont aussi reconnus par Manès, Hilg. p. 50 : Mani nennt fünf Glieder der Erde, den leisen Lufthauch, den Wind, das Licht, das Wasser und das Feuer. Les quatre éléments classiques sont, le feu, l'eau, la terre et l'air. D'après saint Ephrem, p. 532, E. F. un hérétique reconnaît comme éons, l'air, le feu, l'eau et les ténèbres. Hahn et Hilgenfeld, p. 49, conjecturent que cet *autre* hérétique est Bardesane.

(5) Philomène de Maboug dit aussi que, selon Bardesane, J.-C. avait une apparence de corps, Philomenus Sagt : Bardesanes habe Nicht gelehrt dass gott den logos als. Leibe vom Himmel sandte : Diesen Leibe hatte er nur zum Schein (δοκήσει) doch asser und trank voie die Engel mit Abraham ein Mahl hielten. » (Merx, *Bard. Von Edessa*, p. 78, et Cureton, *Spicil.*, p. VI. Item dans les *Philosoph.*, VI, 11, 35.

(6) Il y a ici une demi-ligne en blanc dans le manuscrit. Pour Bardesanes, d'après Saint-Ephrem (Op. II, p. 517, B), le corps vient du Méchant et c'est l'âme qui vient des sept. (Cité en Hilgenfeld, pp. 34-60-62.)

près du Père de la vie tous les trente jours (1) une fois, elle engendre sept enfants, ce qui fait quatre-vingt-quatre enfants par an : ce sont les dieux de Bardesane.

« Il dit encore que le Messie fils de Dieu naquit à Babel, fut crucifié à l'heure de Mars, fut enterré à l'heure de Mercure et ressuscita du tombeau sous la planète Jupiter. Il dit que les morts ne ressuscitent pas (2), que les rêves sont vrais et que le mariage est la pureté. Si l'un de ses disciples avait commerce avec une femme, il disait que c'était juste (3).

« Bardesane engendra des enfants qui sont : Abgaroun, Hasadou et Harmonius (4). Ils demeurèrent fidèles à ses doctrines et à ses enseignements. L'évêque Aqi (ܐܩܝ), successeur d'Hystaspe, le réprimanda puis l'excommunia, car il ne voulut pas se soumettre. Et Bardesane mourut l'an 533 (222) à l'âge de soixante-huit ans. Que sa mémoire soit en malédiction. Ainsi soit-il ».

Tel est le récit, assez extraordinaire du reste, de Michel le Grand. Il est absolument inédit, car on ne savait même pas que les quelques lignes consacrées par Bar Hebreus à Bardesane, et éditées en 1872 par Abbeloos et Lamy, en étaient tirées. Ces quelques lignes figurent dans l'article BARDESANE du *Dictionary of Christian biography* imprimé depuis, et le récit de Michel devra, au même titre, prendre place tout entier dans les nouvelles éditions.

Je termine la première partie par deux remarques :

1° Les spéculations astrologiques que l'on vient de lire sur la création de l'homme et la vie du Messie viennent d'abord justifier l'épithète *d'astrologue* que je donne à Bardesane, mais j'ajoute qu'elles n'offraient rien d'absurde à cette époque, pas plus qu'elles n'auraient dû paraître absurdes chez nous durant tout le moyen âge. Car on attribuait alors aux corps célestes une influence directe sur les corps terrestres qu'ils gouvernaient, et une influence indirecte (5) sur nos intel-

---

(1) Le texte arabe a un duel, ce qui donne tous les deux jours. Mais pour obtenir 84, il faut supposer que le texte syriaque portait tous les trente jours.

(2) Les auteurs sont unanimes à attribuer cette erreur à Bardesane. Mais M. Merx dit que pour Bardesane, l'homme est composé de trois parties : l'âme, l'esprit et le corps. (*Leib, Seele und Geist. Bard. von Ed.*, p. 23.) Le corps seul ne ressusciterait pas.

(3) De même en Bar Hebreus : « Resurrectionem negavit, coitum vero munditiem vocavit et puritatem ». (*Chron. eccl.*, I, col. 48.)

(4) ܟܕ ܢܨܝܚ ܗܡܣܘ ܗܡܣܕܘ ܘܗܪܡܘܢܝܘܣ.

(5) Voir les chapitres de saint Thomas : « Quod cœlum movetur ex aliquâ intellectuali substantiâ. Quod inferiora corpora reguntur a Deo par corpora cœlestia » (*Contra Gentiles*, l. III, chap. XXIII, LXXXII). Enfin on lit dans le chapitre LXXXIV : « Sciendum tamen est quod licet corpora cœlestia directe intelligentiæ nostræ causa esse non possint, aliquid tamen ad hoc operantur indirecte. Licet enim intellectus non sit virtus corporea, tamen in nobis opera-

ligences elles-mêmes; les planètes, étaient la cause des générations spontanées et avaient chacune un caractère particulier, par exemple Mars le terrible présidait aux assassinats (1). Il était donc assez naturel de leur attribuer une part dans la création des corps qu'elles devaient régir et de faire présider Mars à l'effusion du sang du Messie.

2° Enfin, je veux faire remarquer que le passage de la biographie ci-dessus le plus compromettant, ou, si l'on veut, le plus gnostique, celui qui attribue à Bardesane, l'hypothèse d'un père et d'une mère de la vie, distincts du Soleil et de la Lune, et chargés d'engendrer quatre-vingt-quatre dieux, est exposé d'une manière toute différente en Bar Hébreus et en saint Ephrem.

Pour Bar-Hebreus, « Bardesane enseigne que la Lune, Mère de la vie, quitte chaque mois sa lumière et entre chez le Soleil, Père de la vie, pour en recevoir un pouvoir de conservation, qu'elle répand ensuite sur tout l'univers (2) ».

Ce texte renferme une idée très juste : c'est que le Soleil est la cause *sine quâ non* et *adjuvante* de toute vie ici-bas; on peut donc l'appeler en vérité le Père de la vie. Bardesane a tort de vouloir, par symétrie, appeler la Lune la Mère de la vie, car son influence (à l'exception des marées) n'a jamais pu être constatée scientifiquement; il n'en est pas moins vrai qu'il est d'accord en cela avec le sentiment populaire qui a toujours attribué à la Lune plus d'influence qu'au Soleil sur les choses d'ici-bas; il a encore le mérite de tout rapporter au fond au Soleil, en poétisant les nouvelles lunes ou syzygies.

Pour saint Ephrem : « Bardesane jeta les yeux sur le soleil et la lune et compara l'un à un père et l'autre à une mère, il distingua des dieux mâles et femelles, leur donna une progéniture, brouilla les choses divines et profanes, prôna les dieux qu'il avait imaginés, les saluant par cette formule : Salut à vous, Maîtres (*moraï*) de l'assemblée des dieux (3). »

Ainsi le Père et la Mère de la vie seraient encore le Soleil et la

---

lio intellectus compleri non potest sine operatione virtutum corporearum... Dispositio autem corporis humani subjacet cœlestibus motibus. »

(1) V. Bar Hebreus, assassinat du calife Hakim, chez Bernstein *Chrestom. Syr.*, p. 25, et éd. Bedjan, p. 209.

(2) « Asseruit Lunam matrem vitæ, singulis mensibus exuere lucem suam et ingredi ad Solem patrem vitæ, ut sumat ex eo spiritum conservationis, quem (inde) efflat in hunc (mundum) universum. » (Ed. Abbe. et Lamy, I, col. 48.) Les éditeurs ajoutent en note : *Locus difficilis,* et renvoient à saint Ephrem et à Hahn.

(3) Solis Lunæque meatus admiratus, hanc (rerum) Matrem imaginatus est, illum Patrem. Deos Deasque distinxit, hisque longam sobolem adjunxit, sacra divinaque omnia pleno ore traduxit. laudavit quæ sibi finxit numina, ea solemni formulâ salutare solitus : « Gloria vobis Domini (moraï) cœtus Deorum. » (*Op. syro-lat.*, II, p. 553, D.)

Lune. Pour expliquer la suite du texte, je rappelle qu'il y avait des signes du zodiaque mâles et d'autres femelles et qu'ils purent, ainsi que les planètes, être improprement appelés Dieux; je rappelle enfin que le Soleil et la Lune étaient appelés maîtres (*moraï*) par les astrologues.

Je propose donc de donner à tout ce passage de saint Ephrem une signification astrologique : 1° parce qu'elle est suffisante (1); 2° parce qu'elle cadre bien avec d'autres textes de saint Ephrem où nous lisons que Bardesane rejette la dualité de Dieu (2) et qu'il ne lit pas les prophètes de vérité mais étudie constamment les livres qui traitent des signes du zodiaque (3); 3° parce qu'elle est conforme aux doctrines des astrologues qui enseignent par exemple : «... C'est par ces actions des deux grands astres (Soleil et Lune) que toutes les natures de la création grandissent, subsistent et sont conservées; aussi on appelle ces astres seigneurs (*schalité*) et maîtres (*moraï*) (4). »

Si l'on n'est pas encore convaincu que le Père et la Mère n'engendrent pas des Dieux à proprement parler ou des éons, je puis encore citer un passage de saint Ephrem où cette interprétation n'est pas possible :

« Bardesane prône un autre paradis, dont chacun se moquera, que des Dieux géomètres ont délimité et que le Père et la Mère par leur union ont planté (5). »

On fera croire difficilement que le Paradis terrestre (car c'est de celui-là qu'il est question, saint Ephrem renvoie au Pentateuque et parle un peu plus bas de l'Eden) (6), était planté de Dieux et d'éons, tandis que l'on comprend assez facilement que Bardesane ait pu attribuer à la chaleur et à l'influence du Soleil et de la Lune, père et mère de la vie, la production des beaux et bons arbres du Paradis terrestre.

---

(1) Nous pouvons citer ici et nous pourrons encore citer souvent aux historiens de Bardesane l'axiome scolastique: «Non multiplicentur entia præter necessitatem », que nous traduirons librement par : N'introduisez pas dans cette question des éons sans nécessité.

(2) « Asseruit Bardesanes cum Marcione dualitatem Deorum *etsi rejecisse videri velit*, et quidem duos Deos esse impossibile est... (*Op.*, II, p. 413.) « D. Bardesanes itaque *qui contendit plures Deos esse non posse. (Ibid.,* E.)

(3) « Legebat ille (Bardesanes) non veritatis alumnos prophetas, sed libros de signis Zodiaci tractantes assidue volutabat. » *Ibid.,* 439 (E.)

(4) Voir la *Cause des causes*, ouvrage syriaque dont la plus grande partie peut remonter au septième siècle, texte éd. par Kayser, Leipzig 1889, p. 208, l. 8-10. Voici la traduction allemande (Strasbourg. 1893, p. 272): «Und durch disse Wirkungen jener beiden grossen Lichter werden ja alle Naturwesen genährt erhalten und bewahrt. Darum nannte man sie Herrscher und Herren. »

(5) « Bardesanes laudat alium (Paradisum) in quo quisque sanus erubescat, illum videlicet quem Dii quidam geometræ architectati sunt, Pater et Mater (rerum) suo concubitu sata ei dederunt. » (*Op.*, II, p. 558 C.)

(6) Saint Ephrem veut mettre Bardesane en contradiction avec la Genèse au sujet de la création et de la position du Paradis terrestre.

Ainsi, une même opinion de Bardesane est exposée par Michel, Bar Hebreus et saint Ephrem de trois manières différentes : l'une franchement gnostique, la seconde purement scientifique et poétique, et la troisième plutôt astrologique : l'animosité de saint Ephrem lui fait employer des mots exagérés qui voilent un peu la vérité et ont empêché ses lecteurs, sauf Bar Hebreus, de le comprendre jusqu'aujourd'hui. Combien de fois n'en est-il pas ainsi?

II

Je me propose de montrer qu'il est bien imprudent (sinon impossible), de vouloir démontrer que Bardesane fut gnostique, et déterminer ses erreurs, —car il y a de si nombreuses contradictions chez les auteurs anciens qui nous parlent de Bardesane, qu'il reste bien peu de renseignements certains sur son compte ; — de plus, saint Ephrem, qui a été pris comme unique source d'information par Hahn, Kuehner et Hilgenfeld, est trop poète et trop partial pour servir de base à une argumentation sérieuse, —enfin des textes qui étaient censés offrir un sens gnostique n'ont pas été compris jusqu'ici, mais seulement interprétés d'après une idée préconçue (1) et sont ou certainement ou très vraisemblablement astrologiques; voilà donc trois points sur lesquels il convient d'insister

1° Je vais procéder à l'inverse des auteurs antérieurs : leur grande préoccupation était de ranger dans un bel ordre tous les détails qu'ils connaissaient, sans en omettre un seul et de manière à ce qu'ils pussent ou se soutenir ou du moins ne pas se heurter ouvertement. Ils obtenaient ainsi une mosaïque d'assez belle apparence. Je veux, au contraire, mettre en relief les discordances, et partout où se trouveront en opposition deux auteurs également anciens ou sérieux et où je manquerai de témoignages suffisants pour les départager, j'écrirai sans hésiter : On ne sait pas.

On ne sait pas où Bardesane est né (2), car l'auteur des *Philosophumena* (vii, 31) l'appelle l'Arménien ; Jules l'Africain (*Kestoi Vet. Matth. op.*, p. 275) l'appelle le Parthe et le tireur d'arc; Porphyre (*De abstin.*,

---

(1) M. Horst a déjà émis cette idée (*Dict. of christian Biography*, art. BARDESANES).

(2) Je donne l'époque où vivaient les auteurs que je cite : *Philosophumena* vers 225 (?); Jules l'Africain, contemporain de Bardesane; Porphyre, 223-305 ; Eusèbe, 267-338 ; Épiphane, 310-403 ; saint Jérôme, 331-420 ; Élie de Nisibe, 975-1046 ; *Chronique d'Edesse*, sixième siècle (?); Bar Hebreus, 1226-1286; saint Ephrem, 320-379 ; Jacques d'Edesse, † 708 ; Moyse de Khoren, cinquième siècle (?). On trouve la collection des anciens textes qui concernent Bardesane chez Harnack, *Altchrist. litt. bis Eusebius*, I, 184-191, ou dans *Hist. græc. fragm.*, coll. Didot, t. V, 2ᵉ partie, p. 57... ou chez Hilgenfeld déjà cité. — On devrait en croire Jules l'Africain, si l'ouvrage sur l'art militaire intitulé *Kestoi* n'était pas d'authenticité douteuse.

IV, 17) l'appelle le Babylonien ; Eusèbe, Épiphane et saint Jérôme l'appellent le Mésopotamien, enfin les auteurs syriaques le font naître à Édesse, mais ne sont pas d'accord sur l'année de sa naissance. Élie de Nisibe, que suivent Abbeloos et Lamy, donne l'an 134, tandis que la *Chronique d'Édesse*, Bar Hebreus et Michel donnent l'an 154 (1).

Il est certain qu'il demeura à Edesse durant la plus grande partie de sa vie, mais on ne sait pas où il passa sa jeunesse ni où il mourut, car saint Épiphane et Jules l'Africain disent qu'il fut élevé avec un roi d'Edesse nommé Abgar (2), tandis que Bar Hebreus et Michel le font grandir à Maboug chez un prêtre païen ; enfin les historiens syriaques paraissent supposer qu'il mourut à Edesse, tandis que Moyse de Khoren le fait mourir en Arménie qu'il était allé évangéliser.

Il est certain qu'il fut un célèbre chef d'école et qu'il écrivit beaucoup (3), mais il ne nous reste aucun de ses ouvrages. Car un seul ouvrage de Bardesane est cité par Eusèbe, le dialogue Sur le Destin ; mais loin d'en être l'auteur, il n'y est que le principal interlocuteur si, comme on l'admet généralement, il faut identifier ce dialogue avec celui des Lois des pays publié par Cureton en 1855 (4).

Il est certain qu'il fut orthodoxe et qu'il combattit les hérétiques de son temps. Mais on ne sait pas à quelle époque de sa vie il fut hérétique, ni en général quelles furent ses erreurs. Car selon Eusèbe (*H. E.*, IV. 30), il fit partie d'abord de l'école de Valentin, puis revint à l'orthodoxie. Selon saint Épiphane (5), il fut d'abord orthodoxe et faillit être confesseur de la foi ; malheureusement il tomba à la fin de sa vie dans les erreurs de Valentin. Pour Jacques d'Édesse (6), son hérésie ne fut pas un schisme de celles de Valentin ou Marcion, mais il la créa lui-même. Pour Moyse de Khoren (7), il fit d'abord partie de la secte de

---

(1) Voir une note du commencement, où je crois pouvoir identifier ces deux dates.

(2) M. Hilgenfeld, p. 16, fait régner Abgar Bar Manu de 152-187 ; et Hallier (*Texte und Unters. der alt. litt.* de Harnack, t. IX. 2, p. 84) de 179 à 214.

(3) Saint Ephrem lui attribue 150 psaumes. J'ai dit plus haut qu'il me paraît au moins très vraisemblable que le dialogue Sur le Destin est perdu et que l'ouvrage des Lois des pays en diffère. M. Cureton a publié aussi un fragment de l'un de ses ouvrages donnant, à quelque chose près, la durée des révolutions des « planètes avec diverses conséquences astrologiques relatives à la fin du monde ». (*Spicil. syr.*, p. 21.) C'est un extrait d'un ms. de Londres du huitième siècle, add. 12154, fol. 248, où il est dit que *beaucoup de chrétiens*, comme Bardesane, Hippolyte, évêque et martyr, et Jacques d'Édesse n'attribuent au monde qu'une durée de six mille ans. Enfin Land (*Anecd.* I, p. 32, a donné les noms des signes du Zodiaque d'après Bardesane. Ces noms furent adoptés par tous les écrivains syriaques avec peu de modifications.

(4) J'ai dit plus haut (p. 2, 3) qu'il me paraît au moins très vraisemblable que le dialogue Sur le Destin est perdu et que l'ouvrage des Lois des pays en diffère.

(5) *Hær.*, LVI, 1.

(6) Brit. Mus. Ms. add., 12,172. fol. 111.

(7) *Hist. Græc. fragm.*, coll. Didot, t. V, 2ᵉ partie.

Valentin, puis la réfuta, mais ne revint pas à l'orthodoxie et fonda une nouvelle hérésie. Pour Michel (1) et Bar Hebreus (2), il fut d'abord païen, puis orthodoxe et tomba enfin dans la secte de Valentin. Il est difficile d'imaginer plus grande diversité, surtout si j'ajoute que saint Ephrem ne reproche jamais à Bardesane d'enseigner les mêmes erreurs que Valentin.

2° Comme saint Ephrem est la principale source (3) où vont puiser les historiens de Bardesane, j'ai pris la peine de relever et de classer tous les passages des discours contre les hérétiques qui concernent cet auteur (4). J'ai trouvé un bon nombre de passages que l'on cite peu, parce qu'ils prouvent uniquement ce que l'on ne voulait pas prouver, à savoir que saint Ephrem était passionné, injuste et même ignorant.

En effet, certains textes ne renferment que des injures.

P. 438, D : « Le diable a donné à Bardesane un grenier plein d'ivraie que celui-ci répand dans les campagnes. »

P. 438, F : « Le diable a donné à chacun ses vices particuliers : à Marcion la médisance, à Bardesane l'erreur. »

P. 439, F : On trouve ici le jeu de mots déjà cité sur Bardesane qui porte des chardons et de l'ivraie, au contraire des bords du fleuve Daiçan (5).

D'autres textes font injustement un crime à Bardesane de ce que ses disciples sont désignés par son nom :

P. 489, F : « Demandez aux disciples de Bardesane pour quel motif et dans quel but ils prennent le nom de leur maître? Quelle est l'origine de cette appellation? Est-ce comme les Hébreux sont nommés d'Héber? Car on n'a vu personne donner son nom aux disciples qu'il a formés; l'apôtre a instruit plusieurs nations, mais ne leur a pas imposé son nom. »

Saint Ephrem, on le voit, ne comprendrait pas que les Thomistes, les Scotistes, les Molinistes puissent être des orthodoxes. Mais il me reste à citer les plus beaux passages :

P. 559, A : « Bardesane a imposé sa marque à son troupeau et l'a appelé sien. Après avoir souillé le lit de l'Église, il a changé le nom, comme le font d'ordinaire les adultères, il a imposé le sien (6). »

(1) Voir ci-dessus.
(2) *Chron. eccl.*, éd. Abb. et Lamy, I, p. 48.
(3) « So ist und bleibt die Hauptquelle Ephrem. » (Hilg., p. 29.)
(4) J'ai relevé dans les discours contre les hérétiques, 34 passages où Bardesane est nommé.
(5) Ajoutons : p. 558, F : « Dominum in ore, dæmonum legionem in corde ferens » (Bardesanes). (Cité en Hilg., p. 30.)
(6) « Suo Bardesanes pecori propriam impressit notam, suumque dixit gregem... Manes atque

P. 559, D : « Que dirai-je? Ont-ils perdu toute pudeur? Sont-ils insensibles à toute honte? Ils osent mettre le nom d'un homme en tête de leurs écrits et laissent le scribe, en place de l'ancienne formule : Ainsi l'a dit le Seigneur des armées, commencer par : Voici l'opinion de Marcion le furieux ou de Bardesane (1). »

Enfin d'autres textes reprochent tout aussi injustement à Bardesane le soin qu'il donna aux études astronomiques et astrologiques et semblent dénoter chez saint Ephrem une assez grande ignorance de ces questions :

P. 439, E : « Bardesane ne lisait pas les prophètes, source de vérité, mais il étudiait les livres traitant des signes du Zodiaque (2). »

P. 550, C : « C'était un sophiste qui prônait les signes du Zodiaque, observait les horoscopes, traitait des sept planètes, fixait les heures, divisait (la terre) en sept parties et léguait ces enseignements à ses disciples (3). »

P. 438, F : « Ils observaient les mouvements des corps (célestes), divisaient le temps, notaient les signes célestes et en déduisaient des significations cachées, comparaient la pleine lune au signe du Zodiaque. En un mot, au lieu d'agir avec l'Église et de méditer avec le fidèle les livres des saints, ils étudiaient les livres les plus funestes (4).

P. 553, E : « Ils imaginèrent plusieurs principes contraires qui se combattent et leur rattachèrent les étoiles, mais surtout les astres qui jalonnent les routes du Soleil et de la Lune (5). »

Bardesanes postquam Ecclesiarum thalamos incestarunt, vulgari mœchorum arte, mutavere nomina, sua intruserunt. »

(1) « Quid dicam! Omnemne eos exuisse pudorem? omnive verecundiæ sensuc aruisse? Quando suis scripturis hominis nomen præfixerunt audiebantque scribam suppressà veteri formulà : Sic dicit Dominus exercituum, lectionem his inchoare verbis : Sic dicit Marcion, ille videlicet furiosus, aut Bardesanes. »

(2) « Legebat ille (Bardesanes) non veritatis alumnos prophetas, sed libros de signis Zodiaci tractantes assidue volutabat. » A la fin du VI° siècle, faire de l'astronomie « sentait » encore l'hérésie; V. Guidi, *Nuovo testo siriaco sulla storia degli ultimi Sassanidi*, p. 10, l. 12 : « Comme il était très instruit sur les mouvements des étoiles et de la sphère, ils le chassèrent. » — De même Eusèbe d'Émèse (+ 360) : « Probris ac conviciis appetebatur quasi mathematicarum artium studiosus. » (Socrate, *Hist. eccl.*, II, 9; cf. Sozomène, III, 6.)

(3) « Sic a Domino comminata lues Bardesanem etiam corripuit septenorum principiorum repertorem : malum, quod veritatis ferrum dolaverat, intulit garrulo Sophistæ qui signa Zodiaci prædicavit, et observavit horoscopos, septenaria laudavit et captavit horas, septem accepit plagas, suisque alumnis ex testamento transcripsit. »

(4) « Solemne ipsis est corporum observare motus. temporum supputare momenta, tonitrua ex codice examinare indeque arcanas significationes petere, plenilunia cum signo Zodiaci comparare. Scilicet cum oporteret versari et agere cum Ecclesia, sive nempe sanctorum libros ruminante, libros pestilentissimos studiose revolvunt. »

(5) On sait que les planètes étaient divisées en bonnes et en mauvaises et que chacune

Ces textes si peu sérieux nous étonneront moins si nous voulons bien nous souvenir que l'ouvrage de saint Ephrem d'où ils sont tirés est écrit en vers. C'est donc l'œuvre d'un poète. De plus, il est dirigé contre un poète. Car saint Ephrem ne mentionne qu'un seul ouvrage de Bardesane, les 150 psaumes (hymnes) qu'il composa à l'imitation du roi David. Il en fait quelques citations, mais ne nous indique pas qu'il connût quelque autre ouvrage de son ennemi. Or, on sait que les hyperboles, les exagérations, ont toujours été permises aux poètes, Horace va jusqu'à dire que tout leur est permis.

Ajoutons que saint Ephrem put avoir des raisons toutes personnelles pour accabler Bardesane. Celui-ci, en effet, avait accaparé la jeunesse qui savait par cœur et chantait ses hymnes (1); il s'agissait pour saint Ephrem de détrôner son rival en poésie; le plus sûr moyen pour atteindre ce but était encore de le déclarer hérétique et de le placer entre Marcion et Manès (2).

Ce procédé offrait bien quelques difficultés, il fallait pour cela changer le sens des textes de Bardesane à l'aide de raisonnements dont nous ne pouvons apprécier la valeur, puisque le texte même de Bardesane nous manque ; par exemple :

P. 443, D : « Bardesane enseigna avec Marcion la dualité de Dieu, *bien qu'il affirme l'avoir rejetée;* or il est impossible qu'il y ait deux Dieux... (3). »

P. 443, E : « Bardesane *affirme qu'il ne peut y avoir plusieurs Dieux,* mais il admet ce qu'il rejette quand il enseigne qu'il y a plusieurs « Itio » (4). »

Ces deux passages nous montrent clairement que Bardesane ensei-

---

d'elles possédait deux signes du Zodiaque à l'exception du Soleil et de la Lune qui n'en possédaient qu'un.

Ajoutons encore 198, B : « Ubi contra per obliquos viarum flexus circumsonare audies incantatorum carmina, et signorum Zodiaci vocabula,..... non est cur ultra ambigas. »

(1) « In specubus Bardesanis audies voces et carmina ; animadvertens enim homines in primo ætatis flore musices suavitate capi, carminum concentu juvenum mores corrupit. » (P. 489, D.)

(2) Il ne paraît pas que saint Ephrem ait pu convertir les hommes, mais Jacques de Saroug raconte, dans un discours inédit, qu'il fut le premier à former des chœurs de jeunes filles, et sa biographie nous le montre siégeant dans les églises au milieu des jeunes vierges les dimanches et les jours de fête des martyrs, leur apprenant des chants divers et rassemblant ainsi la ville autour de lui. (Biogr. publiée par Assemani. B. O. I., p. 26-55, d'après un ms. du XI° siècle; M°° Lamy l'a publiée d'après un ms. du XIII°. V. *Hymni et sermones* II, p. 67.)

(3) « Asseruit Bardesanes cum Marcione dualitatem Deorum, *etsi rejecisse videri velit,* et quidem duos Deos esse impossibile est ».

(4) « Bardesanes itaque, *qui contendit plures Deos esse non posse,* si docet plures nihilominus esse ἀιῶνα (Itié), jam admittit quod rejiciebat ». On retrouvera ce texte à propos du mot *itié.*

gnait l'unité de Dieu et que saint Ephrem veut lui faire dire le contraire et même l'identifier avec Marcion qu'il combattit toute sa vie; pour moi, je me refuse à croire sur parole le poète passionné qu'était saint Ephrem; ses contemporains du reste ne le crurent pas plus que moi. Ils ne trouvaient sans doute pas en Bardesane les erreurs que lui attribuait son ennemi, aussi saint Ephrem leur avouait qu'il n'était pas facile de découvrir ces erreurs, car Bardesane les avait dissimulées (1), il ne donnait en public que des discours pudiques, mais dans les réunions clandestines il changeait sa modestie en audace, et proférait des paroles impies contre Dieu; il imitait la femme accoutumée aux débauches clandestines, et péchait dans sa chambre à coucher (2). Enfin il est convaincu d'hérésie par sa langue, par ses paroles, tandis que Marcion l'est par ses écrits (3).

Il est clair que les Bardesanites durent demander à saint Ephrem comment il avait pu entendre les paroles de Bardesane, qui vivait un siècle avant lui et pénétrer dans sa chambre à coucher; le saint devait répondre par une pièce de vers plus enflammée encore que les précédentes, et le résultat de la polémique fut que Raboula, nommé évêque d'Édesse en 412, c'est-à-dire quarante ans après la mort de saint Ephrem, trouva tous les grands, c'est-à-dire tous les intelligents de la ville d'Édesse, attachés au parti de Bardesane. Cet évêque, nous dit sa biographie, n'usa que de douceur et de mansuétude envers les Bardesanites, qu'il ramena tous à la vérité (4).

3° Ce résultat obtenu si facilement tend bien à prouver que les Bardesanites, s'ils s'étaient éloignés de l'orthodoxie, ne devaient pas en être bien loin et formaient plutôt une école qu'une secte; mais le parti de saint Ephrem l'emportant, les ouvrages de Bardesane, mis au pilon, disparurent (5), et jusqu'à maintenant on crut aveuglément et surtout on exagéra les allégations poétiques de saint Ephrem.

(1) « Propriam nequitiam ornavit ac texit ». (185, A.)

(2) « Bardesani *sermo in concione pudicus, in clandestinis congressibus modestiam in audaciam mutavit*, jactavitque impias in Deum voces! feminam imitatur furtivis assuetam stupris, in conclavi moechatur ». (138, E.)

(3) P. 439, C. Ajoutons, p. 553, E : « Absona et absurda stylo concentuque suavi mollire studuit. »

(4) Overbeck, *Opera selecta Rabulæ*, etc., Oxonii, 1865, p. 192. Cité en Hallier, *Edessenische chronik*, chez Harnack, *Texte und Untersuchungen*, t. IX, 2, p. 90 : « In Edessa blühte besonders die schlechte Lehre des Bardesanes, *bis das sie von ihm* (Rabula) *überwunden und besiegt wurde*. Denn ehedem hatte dieser verfluchte Bardesanes durch seine List und durch die Süssigkeit seiner Gesänge *alle Grossen der Stadt an sich gezogen*. »

(5) Il n'était pas besoin pour cela d'une congrégation de l'Index : Tatien, contemporain de Bardesane, eut un sort analogue au sien. Il composa un *Diatessaron* dont on se servit en Orient où personne ne paraissait soupçonner l'orthodoxie de l'auteur, quand Raboula (+ 435),

Je me suis demandé à ce sujet ce que deviendrait la mémoire de Napoléon III s'il nous était connu non pas d'après *Napoléon le Petit*, qui est encore un ouvrage en prose à prétentions historiques, mais d'après l'unique volume *les Châtiments*, du grand poète Victor Hugo.

Cela m'a fourni le titre d'un travail : Napoléon le Bourreau, qui serait comparable de tout point aux travaux *Bardesanes gnosticus*, etc. », basés sur les vers du poète saint Ephrem. Encore n'aurais-je pas besoin, pour justifier mon titre, de torturer et de dénaturer les passages de Victor Hugo qui concernent Napoléon, comme on l'a fait trop souvent pour les passages de saint Ephrem qui concernent Bardesane.

Car on admettait *à priori*, et M. Horst l'a déjà fait remarquer, que Bardesane était gnostique; on ne se servait donc de saint Ephrem que dans la mesure où il pouvait justifier ce préjugé. Il fallait donc retrouver les dogmes fondamentaux des gnostiques : la dualité de Dieu, les émanations successives, et les éons.

On trouvait la dualité et même la pluralité de Dieu dans les deux textes que j'ai déjà cités. Dans ces deux textes, Bardesane affirme ne reconnaître et n'enseigner qu'un seul Dieu, mais saint Ephrem prétend qu'il en introduit logiquement deux et même plusieurs. J'ai déjà dit que je n'ai aucune confiance dans les raisonnements poétiques et les affirmations de saint Ephrem. On allait ensuite chercher deux auteurs de la fin du Xe siècle (le Fihrist) et du XIIe (Schahrastani) et l'on en extrayait vingt lignes qui attribuent aux Bardesanites et à Manès, diverses spéculations sur *la Lumière et les Ténèbres* (1). On en concluait prestement que tels étaient les deux principes de Bardesane lui-même, on ne se demandait même pas si ces témoignages étaient véridiques ou légendaires et si on ne devait pas les entendre dans un sens large : ainsi nous parlons tous les jours des enfants de lumière et de ténèbres sans avoir jamais la prétention de poser deux principes et de faire du gnosticisme.

M. Hilgenfeld suit encore un procédé analogue pour attribuer à Bardesane la théorie gnostique des émanations; il lui suffit en effet des cinq textes suivants pris en saint Ephrem :

P. 557, B : « Les fils de Bardesane, comme des enfants inexperts, disent : Quelque chose sortit du Père de la vie, et la Mère conçut et enfanta le fils mystérieux qui fut appelé le Fils de la vie. »

prohiba le *Diatessaron*. Le seul Théodoret, évêque de Tyr (423-455), en fit brûler deux cents exemplaires et il ne nous en reste pas un seul.

(1) La différence de ces récits et de ceux des anciens auteurs me fait encore répéter qu'au sujet de Bardesane nous avons autant de sons que de cloches.

P. 557, C : « Qui ne se boucherait les oreilles pour ne pas entendre ce qu'ils disent, à savoir que l'Esprit-Saint a engendré deux filles auxquelles il dit dans leurs chants :

> « Die Tochter deines Fusses
> « Sei Tochter mir dir Schwester. »

« Et j'ai honte de raconter comment leur conception s'est faite. Que Jésus purifie ma bouche, car je souille ma langue si je révèle leurs mystères : Il engendra deux filles, l'une « Scham des Trokkenen », l'autre « Gebilde des Wassers ».

P. 557, F : « Si nous regardons dans la salle du festin, nous y voyons la jeune fille, la sœur que tu as prise sur tes genoux et que tu caresses. »

P. 558, A : « Mon Dieu et mon chef, pourquoi m'as-tu abandonnée? »

P. 558, B : « Le lieu des délices dont la porte, quand on l'a ordonné, s'est ouverte à la mère. »

Remarquons d'abord que les deux premiers textes concernent les disciples de Bardesane et non le maître lui-même; de plus, le premier peut fort bien être un récit poétique de l'Incarnation, et le second contient deux vers des Bardesanites « la fille de ton pied (les autres traduisent la fille qui te suit) est ma fille et ta sœur » qui n'ont pas de sens et peuvent par là même en recevoir une infinité; ainsi saint Ephrem nous assure qu'il s'agit là d'un mystère des Bardesanites et de deux filles légitimes du Saint-Esprit portant des noms que M. Hilgenfeld traduit d'une intraduisible manière, mais c'est là une simple assertion.

Les trois derniers textes sont, nous dit saint Ephrem, des vers de Bardesane lui-même, mais je ne les trouve pas compromettants : le texte du milieu est tiré du Nouveau Testament et les deux autres me paraissent s'appliquer assez bien à la sainte Vierge admise *poétiquement* (car on ne s'exprimerait pas ainsi en prose) dans la familiarité de Dieu avant l'Incarnation et après sa mort. Je ne tiens pas absolument du reste à cette interprétation. On en trouvera sans doute bien d'autres qui ne seront pas gnostiques.

Mais M. Hilgenfeld consacre neuf pages à ces misérables textes. Dans ces neuf pages, il cite saint Irénée, Épiphane, Merx, Hahn, Neander, les Ophites, Lipsius, saint Clément, Möller, Thilo, Baur, Movers, Harvey, Origène, Manès, et après cette débauche d'érudition autour et alentour du sujet, il conclut que Bardesane lui-même admet une première syzygie (1) formée du Père de la vie et du Saint-Esprit. Celui-ci est

____

(1) Je dois dire ici que j'ai peut-être trouvé un motif à l'animadversion que paraît avoir

pour l'occasion transformé en divinité femelle : il est la Mère de la vie
et engendre une seconde syzygie formée du Christ (le Fils de la vie) et
de la Sagesse supérieure (Scham des Trokkenen). M. Hilgenfeld ne fait
pas entrer ici en ligne de compte la seconde fille du Saint-Esprit (Gebilde des Wassers) sans doute parce qu'il n'avait pas de conjoint à lui
donner. Je crois qu'en cherchant bien on pourrait cependant lui en
trouver un dans les textes cités, mais comme je ne veux pas rivaliser
de fantaisies avec les savants historiens de Bardesane, je ne développe
pas mes idées à ce sujet.

Ces deux syzygies nous donnent déjà quatre éons, et il est facile d'en
trouver d'autres et de convaincre ainsi à nouveau Bardesane de gnosticisme. Car la langue syriaque renferme un mot assez vague (*itio*, plu-
riel *itié*) dérivé du verbe Être, qui signifie donc en général Être, es-
sence et en particulier toutes les catégories d'êtres : Dieu, les éléments,
les planètes, etc.; il suffit de traduire ce mot par éon. C'est ce que fit
M. Hahn, il trouva donc d'abord quatre éons-éléments dont il fit deux
syzygies (1), puis comme il lisait fréquemment « les sept » et à un en-
droit les sept Itié (2), au lieu de traduire les sept planètes, il traduisit les
sept éons et en conclut que Bardesane admettait sept éons, qui, selon
lui, étaient : le père des vivants, le fils du vivant, l'esprit saint, l'eau, la
terre, le feu et l'air; « ainsi le plérome est constitué par des mâles des
femelles et leurs enfants, au nombre de sept et nommés éons » (3).

On ne tarda pas à remarquer cependant que Bardesane parle plus
souvent des sept planètes que des sept Itio; on ne fut pas embarrassé
pour si peu et M. Kuchner fit des éons avec les planètes : De la divinité
suprême ou suprême lumière, nous dit-il, émanent le plérome qui est
la sphère céleste et les éons qui sont les astres. Je dois avouer que

M. Hilgenfeld pour Bardesane en général et pour le Livre des lois des pays en particulier.
C'est que ce dernier livre attribue aux Germains, avant même de l'attribuer aux Gaulois,
certaine coutume contre nature, qu'Eusèbe et les *Récognitions* n'attribuent qu'aux Gaulois. Cela
fait très bien comprendre pourquoi le texte des *Récognitions* devait être le primitif, car dit
M. Hilgenfeld (p. 128), nous ne pardonnons pas au Syrien qui fait partager aux purs Germains la pédérastie des Gaulois : « Auch das durfen wir dem Syrer wohl übel nehmen, dass
er an der Päderastie der Gallier auch die keuschen Germanen theilnehmen lässt. »

(1) Hahn attribua à Bardesane le passage suivant de saint Ephrem :

P. 532,F : « Alter vero œones vocavit aerem et ignem et aquam et quum æon unus nihil
esset nec reperiretur insignivit eum nomine tenebrarum, has insignivit nomine אביא.

(2) Ce texte, p. 550 C, a été cité p. 14.

(3) Voici le texte de Hahn, p. 62, cité en Hilg. p. 17 : « Concepit enim a *Patre viventium*
conjux, et jam mater filium occultum peperit qui vocatus est *Filius viventis* (Christus), edita
est porro *Rucho d'Kudscho* (le Saint-Esprit) quæ et ipsa, Filii quippe viventis soror et conjux duas peperit filias, Maio (l'eau) et Iabscho (la terre) quæ cum duobus aliis æonibus,
Nuro (le feu) et Rucho (l'air), quatuor elementis præsunt. Ita maribus et feminis eorumque
natis, numero septem, nomine Itié, pleroma constitit.

M. Kuehner n'est pas absolument certain que la sphère céleste soit pour Bardesane l'analogue du plérôme des gnostiques, il se borne à dire : « Haud inepte conjicias » ; à mon avis, *haud* est de trop.

M. Merx réagit contre cette multiplication des éons en indiquant les divers sens possibles du mot *Itio* aussi M. Hilgenfeld conserve prudemment dans les textes le mot syriaque *Itio* sans le traduire comme l'avait fait Hahn, mais il cite complaisamment ce dernier au bas des pages et va encore plus loin que lui, puisqu'il nous donne huit éons au lieu de sept, à savoir les quatre éléments et les quatre éons des deux syzygies citées plus haut. On se rappelle que j'ai offert à cette occasion d'en trouver dix en comptant « Gebilde des Wassers » et lui cherchant un conjoint.

En voilà assez, je pense, pour montrer avec quel sans-gêne on a traité les textes de saint Éphrem et comment on les a détournés de leur sens naturel pour attribuer à Bardesane des erreurs gnostiques. Je veux cependant ajouter un dernier argument tendant à prouver que Bardesane professait exclusivement des erreurs astrologiques.

Il nous reste, en effet, une biographie de saint Éphrem (1); l'auteur consacre un chapitre aux controverses de son héros avec Bardesane, comme il est syrien et relativement rapproché des événements qu'il raconte, il doit avoir compris au moins aussi bien que MM. Hahn Kuehner et Hilgenfeld les textes de saint Éphrem et les erreurs que ces textes attribuent à Bardesane. *Or toutes les erreurs mentionnées par cet auteur sont purement astrologiques* (2); Mgr Lamy les rendait gnostiques quand il croyait, comme Hahn, pouvoir ajouter en tête le mot éon (3). Pour moi j'ajoute le mot planètes et prends le lecteur pour juge. Voici en effet le texe :

« Un jour saint Ephrem se tourna vers le peuple et dit :
Ne mettons pas notre espérance dans les sept que confessa Bardesane.
Anathème à qui dira avec lui que d'elles viennent les pluies et les gouttes d'eau.
Anathème à qui dira avec lui que d'elles vient aussi la rosée.
Anathème à qui dira avec lui que d'elles viennent la neige et la glace.

(1) V. Supra, p. 14, n° 2.

(2) Excepté la négation de la résurrection des corps qui est mentionnée avant le texte que je cite. Cette erreur est généralement attribuée à Bardesane, mais elle n'est pas caractéristique des gnostiques, et nous ne savons pas dans quelle mesure il la niait, car il serait possible, selon M. Merx, que Bardesane professât la trichotomie de l'homme : âme esprit et corps. Peut-être la résurrection de deux parties de l'homme suffisait-elle au dogme défini vers l'an 180.

(3) *Hymni et sermones*, t. II, p. 67. — Mgr Lamy ajoute encore : « Porro Bardesanem septem admississe eonas docet sanctus Ephrem. » (*Op. syro-lat.*, p. 550, C.) Or, dans ce texte, cité p. 11, Il s'agit des horoscopes des signes du zodiaque et des heures; donc les sept qui y figurent sont encore les planètes.

Anathème à qui dira avec lui qu'elles produisent les récoltes du laboureur.

Anathème à qui dira avec lui qu'elles produisent les fruits du jardinier.

Anathème à qui confessera, comme il l'a confessé, qu'elles produisent la famine et l'abondance.

Anathème à qui confessera, comme il l'a confessé, qu'elles produisent l'été et l'hiver.

Maudite soit l'espérance qui est telle que sa confiance soit dans les sept.

Anathème à celui qui abandonne la solide espérance dans le Seigneur.

Et donne le pouvoir aux sept et met en elles sa confiance. »

Telles sont, d'après le biographe de saint Éphrem, les erreurs de Bardesane ; je ne crois pas me tromper en affirmant qu'il ne s'agit pas là de sept éons, mais que rien n'y dépasse le pouvoir attribué aux planètes par Aristote et les scolastiques. — Il s'ensuit donc que saint Éphrem combattait en Bardesane l'astrologue et non le gnostique, et c'est tout ce que je voulais prouver dans cette seconde partie.

Pour terminer je veux résumer les résultats inédits que j'ai exposés, pour la première fois, dans ce travail :

1° La date d'Élie de Nisibe concorde avec celle de la *Chronique d'Édesse*. 2° Le véritable objet du livre des lois des pays est la cause du mal et la responsabilité humaine. 3° Ce livre tel qu'il existe à Londres a été transcrit sur un manuscrit *syriaque* précédent (1). 4° Les *Récognitions* pseudo-Clémentines dépendent d'Eusèbe. 5° Bar Hebreus a puisé en Michel les détails inédits qu'il nous donne sur Bardesane. Enfin 6° ma seconde partie tout entière a montré que, jusqu'à nouvelles découvertes, Bardesane doit être rayé du nombre des gnostiques et même des hérétiques proprement dits; ceci nécessitera quelques erratas dans tous les ouvrages d'histoire ecclésiastique actuellement imprimés.

(1) J'ajoute même que le copiste paraissant partout ailleurs transcrire très fidèlement, on a le droit de supposer qu'il n'a pas commis lui-même la faute grossière de mettre une fin de phrase en titre. Il y aurait donc certainement eu encore un texte syriaque précédent. Il y a encore une faute *de transcription* : Atrapatène (ܐܬܪܦܬܝܢ, cette identification est due à M. Th. Nœldeke) écrit en deux mots, et un peu modifié, ce que ne pouvait faire un traducteur ou un auteur connaissant ce pays ; je prouve donc que le texte syriaque de Londres n'est pas une traduction directe et provient même d'un texte syriaque antérieur. Voir ensuite la fin de l'introduction, où je prouve que le texte grec qu'a connu Eusèbe vient du syriaque.

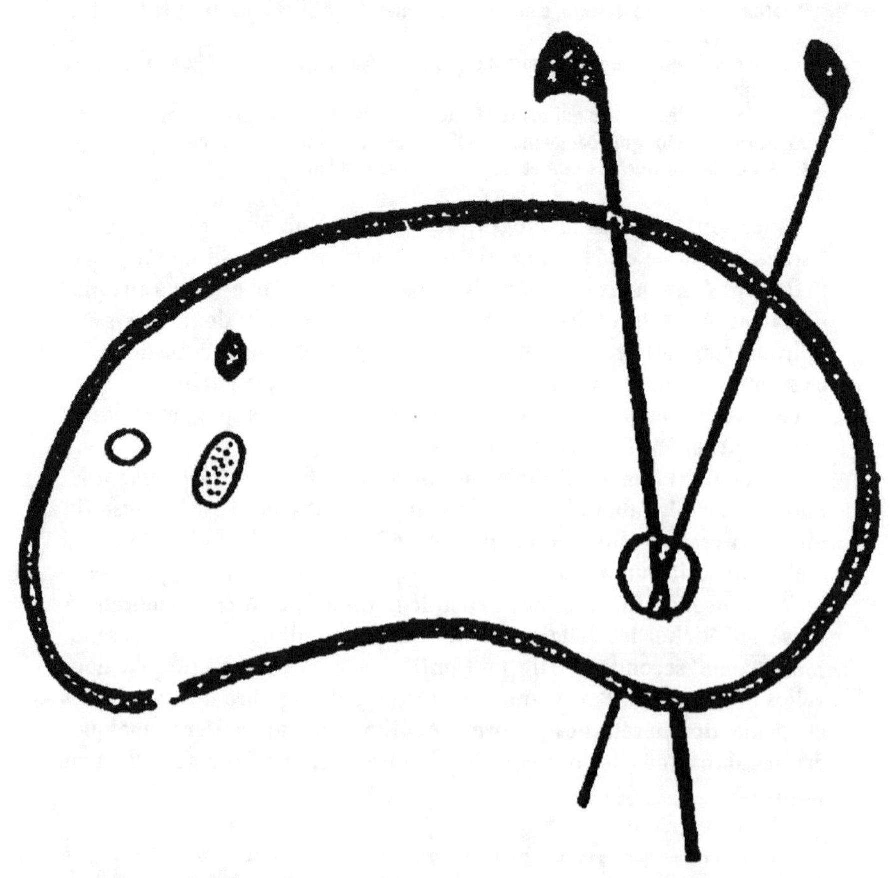

ORIGINAL EN COULEUR
NF Z 43-120-8